Polar Bear

我爱海洋生物 北极熊

朱丽岩 ⊙ 主编

青岛出版社
QINGDAO PUBLISHING HOUSE

前言 Foreword

　　海洋，是一个巨大的生命摇篮。在海洋里，各种各样的奇观异景层出不穷，多姿多彩的海洋生物争奇斗艳。从热闹的海面到静谧的海底，从明亮的浅滩到幽深的海沟，到处都有海洋生物的踪影。它们或圆或扁，或绚丽或奇特，大的有二三十米，小的即便睁大眼睛你也看不见……

　　海洋广袤博大，海洋生物丰富多彩。我们从万千海洋生物中精选出最具代表性的成员，将它们的风采展现在《小·海米科普丛书·我爱海洋生物》系列绘本之中。生动活泼的文字让刻板的科普知识不再枯燥乏味，精美丰富的手绘图片将海洋生物的千姿百态淋漓尽致地展现出来，为读者创造出身临其境的阅读感受，令人流连忘返。

　　在地球的南北两端，是遗世独立的冰天雪海。这里有凌厉的冰雪和极端的严寒，也有不惧寒冷的极地动物。威风霸气的北极熊、可爱顽皮的白鲸、憨态可掬的企鹅、生性凶猛的豹形海豹……动物们为极地世界平添了几分热闹景象。你想走近瞧一瞧吗？请打开本书，与极地生灵进行零距离接触，体验精彩非凡的阅读之旅吧！

目 录 Contents

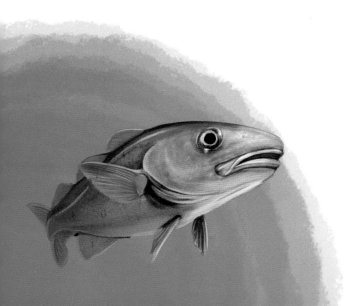

极地世界

>>> 有个地方全年被冰雪覆盖，整个世界几乎成为静谧的纯白色，这就是神秘的极地。极地是地球上的极寒之地。然而，偏偏在这样严酷的环境中，许多生物依然顽强地生存、繁衍着。这不禁让我们慨叹大自然的神奇。

北极的海洋居民

≫ 北极是不折不扣的冰雪世界,这里有地球上唯一的白色海洋——北冰洋。北极熊、海豹、鲸、海鸟、鱼类和浮游生物都生活在这里。

白鲸

我的身体和雪一样白!

绒鸭

我可不怕冷。

我就是传说中的独角兽。

独角鲸

不用急,慢慢来。

格陵兰鲸

极地霸王——北极熊 _Polar Bear_

强壮　凶猛　冬眠　嗅觉灵敏

>>> 提到北极，你可能会想到北极熊。是啊，这种全身雪白的大熊就是这片神奇土地上真正的主人。

北极熊为什么不怕冷？

北极熊身上有两层毛：外层是含有油脂的针毛，游泳时能防止海水侵入；里层是厚厚的绒毛，就像羽绒服一样保暖。另外，厚厚的脂肪也是北极熊的保暖利器。

北极熊的脚掌也长着浓密的毛，不仅可以御寒，还能防滑呢！

站起来，看得远

北极熊有时会"站"起来。直立起来后，有的北极熊身高能够达到 3 米以上，可以将一望无际的冰原尽收眼底。

出色的游泳家

北极熊的拉丁名字叫作"海熊"。从这个名字就可以看出，它们游泳能力很不一般。北极熊脚掌宽大，能有力地划水；身体里储存着大量脂肪，可以让它们漂浮在海面上。在北冰洋冰冷的海水里，北极熊一口气可以游四五十千米。

北极熊的冬天

>>> 北半球的冬天，太阳不再光顾北极，这片冰雪大地陷入漫长的黑夜之中。可以说，没有什么地方的冬天比极地更荒凉、更寒冷。那么，北极熊又该如何通过这场严寒和黑暗的考验呢？

冬眠开始了

严冬，北极熊要进行冬眠。冬眠时，它们可以很长时间不吃东西，甚至呼吸都能变慢。不过，北极熊并不是一直呼呼大睡，而是一遇到紧急情况就会立刻惊起。

冬天的猎人

当北极熊妈妈和宝宝冬眠时，雄性北极熊却整天在黑暗中走来走去。冬天是捕食海豹的好时节。雄性北极熊藏在海豹的呼吸孔附近，耐心地等待着海豹上来换气。只要海豹一出现，它们就会立即扑上去。

宝宝出生了

北极熊宝宝是在冬天出生的，而且一般是双胞胎。刚出生的北极熊大小就像一只老鼠，整天趴在妈妈的身上喝奶。整个冬天，北极熊妈妈都不会进食，而是一直在雪洞中抚育喂养小北极熊，直到春天到来。

北极熊的猎物

>>> 北极熊是纯正的食肉动物，主要捕食海豹。当然，其他一些动物也是北极熊的美食，如海象、白鲸、鸟雀甚至被冲上海面的鲸鱼尸体。

海豹＝美食

为了捕捉海豹，北极熊会采用各种战术。当海豹成群躺在冰上晒太阳时，北极熊会慢慢地靠近，到了一定距离后，就会猛冲过去。另外，北极熊的嗅觉非常灵敏，它们能找出隐藏的海豹窝，然后用自身的力量压坏海豹窝，可怜的小海豹就成了北极熊的食物。

捕食海象有妙招

　　捕食海象，北极熊也有妙招。它们会在海象成群晒太阳的时候突然出现，加速冲向海象群，让海象们陷入慌乱，纷纷四处逃跑。在逃跑时，有的海象会因为踩踏而伤亡。这些海象就会成为北极熊的美餐。

保护北极熊

>>> 北极熊是北极之王。它们没有什么天敌，但是现在却面临着巨大的危险。这危险来源于气候的变化，归根结底在于人类的活动。

北极熊怕热

全球气温变暖对北极熊来说并不是件好事。厚厚的皮下脂肪和保暖的皮毛让北极熊更加适应寒冷的天气。如果气温升高，就意味着供北极熊捕猎和生活的空间越来越小。

游得太远会溺水

　　虽然北极熊是游泳健将，但它们其实更适合在靠近海岸的地方游泳。可是，北极冰层的迅速融化让北极熊不得不游得更远以寻找食物。浮冰越来越少，长时间的游泳会让北极熊精疲力竭。如果碰上风浪，北极熊就很有可能被淹死在海里。

家会消失？

　　全球气候变暖的罪魁祸首是温室气体的排放。如果全球气候变暖的情况得不到改善，将来有一天北极的冰盖就会消失。真到那时，北极熊根本就无法再在那里生存了。

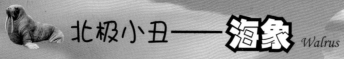 # 北极小丑——海象 *Walrus*

 獠牙   潜水高手   群居   鳍状四肢

>>> 北极生活着这样一群动物：它们体形庞大，外表丑丑的，能够在海水中游泳，但更喜欢懒洋洋地躺在冰上晒太阳。它们的名字叫作"海象"。

没穿"外衣"不冷吗？

海象没有毛保暖，但它们也有抵御寒冷的法宝——厚厚的皮肤。海象的皮肤最厚甚至可以达到5厘米，皮下脂肪层的厚度更是达到12～15厘米。有了这件天然的"厚棉衣"，即使在 -30℃的浮冰上睡觉，海象也不觉得寒冷。

长牙用处大

　　两颗长牙从嘴里伸出来，海象不觉得难受吗？当然不会，长牙对海象来说可是好帮手呢！长牙是海象攀登浮冰、挖掘猎物的重要工具，还是海象的武器。海象群中谁的长牙最强大，谁就是这个群体的首领。

海中金丝雀——白鲸 *Beluga*

迁徙　群居　发声　潜水高手

>>> 白鲸以悦耳多变的叫声和丰富可爱的面部表情闻名于世，被称为"海中金丝雀"。

夏天要旅行

每年7月，成千上万头白鲸会从北极地区出发，开始它们的夏季迁徙。一路上它们边走边玩，还会进行"表演"呢。

口技专家

　　白鲸是"口技"专家，能发出几百种声音，甚至可以模仿人类说话。

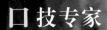人来了！

　　在北极，白鲸随时都有可能面对虎鲸和北极熊的攻击。北极熊一般在冰层的出气口周围埋伏等待。当白鲸换气时，北极熊就会用锋利的爪子重重一击。白鲸无法逃脱，只能成为北极熊的口中餐。

北极独角兽——独角鲸 *Narwhal*

長牙　潜水高手　群居

>>> 在神秘的北极海域，独角兽是真实存在的。它们顶着长长的角，在北极冰海中神出鬼没——它们就是独角鲸。

原来是"独牙"！

独角鲸的角其实并不是"角"，而是一颗不断生长的长牙。独角鲸出生时只有两颗牙齿，雌鲸的牙齿一直是藏起来的，而雄鲸的一颗牙齿则会破唇而出向外生长，成为独角鲸的"角"。有时，两枚牙齿都会向外伸出，那时独角鲸就变成双角鲸了。

冬天出生的宝宝

北极的冬天，气温可以达到 -51℃，独角鲸宝宝就选择在这样寒冷黑暗的季节出生。小独角鲸要在母亲的肚子里待 15 个月，出生时重量能够达到母亲的 1/3。

冬天里的大胃王

虎鲸是独角鲸最大的威胁，但只要冬天一到，冰块就会把独角鲸和虎鲸分隔开。这时，独角鲸就可以安心地享用美食了。也许正因为这样，每到冬天，独角鲸就会疯狂进食。

行动缓慢的捕食者——北极露脊鲸 *Bowhead Whale*

善于歌唱　庞大

>> 北极露脊鲸也叫"弓头鲸"，当它们浮到海面上时，宽宽的背脊几乎有一半露在水面上。露脊鲸的名字就是由此而来的。

排好队吃饭

　　北极露脊鲸有时会单独觅食，有时会结成群体。到了吃饭时间，北极露脊鲸会自动地形成一个梯形"战队"。结队摄食的方法可以让北极露脊鲸捕到更多的食物。

冰海中慢游

　　北极露脊鲸的游泳速度很慢，但它们可以在海面上做一些高难度的"杂技"表演，跃身击浪、垂直出水都是它们的拿手好戏。

海中"作曲家"

　　鲸唱歌并不是很奇特的现象，而北极露脊鲸与众不同之处在于，它们可以将两种完全不同的声音混合在一起，用多种嗓音来演唱。

恋冰的游泳健将——鞍纹海豹 *Harp Seal*

耐寒　肥胖　迁徙　善游

>>> 鞍纹海豹也被称为"格陵兰海豹"。它们一生都生活在海冰上或海冰附近，所以还有一个绰号——"恋冰海豹"。

背着竖琴的海豹

鞍纹海豹也叫"竖琴海豹"。这并不是因为它们能发出竖琴一般的声音，而是因为它们的背部有块巨大的黑色斑纹，形状既像马鞍，也像一架竖琴。

海豹长大"十八变"

鞍纹海豹刚出生时，全身长满淡黄色的绒毛。两三天后，黄色褪去，绒毛变成透亮的白色。慢慢地，白色的皮毛变成灰色，上面长满斑点。最后，背上的"竖琴"出现了。

宝宝的第一课

游泳、潜水、打冰洞都是鞍纹海豹必须学习的技能。不过，它们的第一课并不是这些，而是要学会如何用气味和叫声与母亲联系，因为暴风雪常常会将它们分开。

悠游的漫步者——小头睡鲨 *Greenland Shark*

庞大　潜水高手　有毒　缓慢

>>> 　小·头睡鲨又叫"格陵兰鲨"。它们生性慵懒，游动速度慢，就像睡着了一样，因而得名"睡鲨"。

别吃我，我有毒！

　　小头睡鲨的肉是有毒的，其他动物吃了它们的肉就会受到神经毒素的影响。奇怪的是，小头睡鲨之间会发生同类相食的情况，但它们并不怕彼此肉中的毒。

懒懒不想动

小头睡鲨的行动非常缓慢，捕猎者甚至用一只手就可以抓住它们。可是，它们的猎物却都是行动敏捷的家伙，真不知道它们怎能抓得住！不过，这些懒惰的家伙更喜欢坐享其成，经常尾随渔船，拣食人们扔进海中的零星鲸肉和食物。

有失有得

小头睡鲨身上寄居着一种桡足动物。它们会吃小头睡鲨的眼角膜，造成小头睡鲨的视力损坏，甚至局部失明。但是，这些寄居者并非全无好处，它们可以发光，成为小头睡鲨的诱饵，帮助小头睡鲨捕食。

最不怕冷的鱼——鳕鱼 *Cod*

耐寒　迁徙

>>> 　　鳕鱼，听名字就知道它们是不怕冷的家伙。鳕鱼只喜欢在冷水中生活，只要水的温度高于5℃，它们就不见踪影了。

吃得多，长得快！

　　鳕鱼生长迅速，得益于它们不挑食。无脊椎的小动物和其他小鱼是鳕鱼的最爱。鳕鱼吃得多，自然长得也快。

危险真多！

冬天到了，北极鳕鱼的身体中有一半是脂肪，这可是北极"猎手"们最需要的东西，因此北极鳕鱼成了北极熊、海豹、鲸和鸟类的重点捕食对象。

鳕鱼不怕冷

鳕鱼不怕冷，甚至在零下几十摄氏度的冰架下也有它们的身影。原来，鳕鱼的血液中有一种特殊的成分，科学家称之为"抗冻蛋白"。鳕鱼有了这种物质，就像有了防冻剂一样，就不怕冷了。

迁徙之王——**北极燕鸥** *Arctic Tern*

>>> 北极燕鸥最喜欢白天。为了满足这个愿望，它们每年都要在南北两极之间往返，是当之无愧的"迁徙之王"。

迁徙之王

北极燕鸥在南北两极之间往返时，为了顺应风势，还会选择一条曲折的路线。在 30 多年的生命中，北极燕鸥迁徙的路程足够往返月球 3 次。

好斗而团结

北极燕鸥争强好胜，却总喜欢聚成大群一起活动，因此邻里之间经常"大打出手"。不过，如果这时有敌人入侵，北极燕鸥就会变得非常团结，所有成员会一致对外。

简易的巢

北极燕鸥可没有耐心搭建精致的巢穴，而是随便在沙地上挖个小坑，有时铺上一些树枝和草。这样，巢穴就算搭建完成了。

极地的绒球——绒鸭 *Eider Duck*

>> 在冰雪覆盖的北极生活着一种海鸟，它们浑身圆滚滚的，看上去像一个个的大绒球。这种海鸟的名字就叫"绒鸭"。

聪明的绒鸭

绒鸭的邻居是一种不好惹的海鸥，它们常常捕食小绒鸭，可绒鸭偏偏喜欢和这种海鸥做邻居。原来，对绒鸭来说，更不好对付的敌人是贼鸥和北极狐。海鸥在保护自己巢穴的同时，也能让绒鸭的家免受侵害。

天然的羽绒衣

绒鸭的绒毛不仅色彩丰富，还非常细致柔软。稠密的绒毛紧紧包裹住绒鸭的身体，看起来就很暖和。

绒鸭过冬

到了冬天，所有的绒鸭聚成一群，热闹地挤在一起。它们身体不断释放的热量和不断的运动可以防止海冰封冻，身下就形成一个池塘。这样，绒鸭整个冬天就能得到充足的食物了。

北极的企鹅——厚嘴海鸦 *Thick-billed Murre*

善飞　潜水高手

>>> 厚嘴海鸦也叫"海鸟"。它们看起来和企鹅非常像，又像企鹅那样善于游泳，所以被称为"北极的企鹅"。

伪企鹅造型

厚嘴海鸦全身以黑白两色为主，背部、头和喙为黑色，腹部是白色，与企鹅十分相似。

潜水捕食

厚嘴海鸦喜欢在海岸旁的悬崖上筑巢。它们潜入大海捕食时，3分钟能潜90多米。

厚嘴海鸦宝宝

　　厚嘴海鸦每次产卵只产 1 枚。它们的幼鸟
成长很快，出生 3 周左右，就能在雄厚嘴海鸦
的保护下从千米高的悬崖上跳进大海。

南极海洋的住客

>>> 南极的冬天，气温有时会降到 -90℃，一杯水泼向空中，瞬间就会变成冰晶。神奇的是，南极的海洋中仍然生活着许多可爱的动物，它们给这片极寒之地带来勃勃生机。

帝企鹅

企鹅当中我最大。

别惹我，我很凶！

豹形海豹

我的脾气可不好！

别误会，我喜欢吃磷虾。

象海豹

食蟹海豹

南极的象征——Penguins

>>> 如果说北极熊是北极霸主，那企鹅就是名副其实的南极主人了。

冰雪来了，它们不怕！

企鹅的羽毛是重叠的鳞片状，密度要比其他鸟大三四倍。这种特殊的"羽毛衣"能抵御南极极端的寒冷，就连海水也浸透不了。

敌人来了，快跑！

企鹅走起路来总是一摇一摆的，显得很笨拙。如果遇到危险，它们就会趴在地上，肚子贴在冰面上，用双脚推动，快速地滑动逃跑。

用翅膀游泳！

企鹅虽然不会飞，但是却是游泳能手。一到水里，企鹅短小的翅膀就成了有力的"船桨"，可以帮助它们在水中快速滑行。

企鹅吃什么？

企鹅最主要的食物是南极磷虾，它们偶尔也会吃些小鱼和乌贼。它们没有牙齿，但舌头和上颚有倒刺，可以顺利地把小鱼、小虾吞到肚子里。

企鹅的敌人

　　企鹅的敌人可不少。海洋里，豹形海豹、海狮、虎鲸对企鹅虎视眈眈；陆地上，大贼鸥一直在等待机会捕捉企鹅宝宝呢。

企鹅宝宝出生记

　　企鹅妈妈一次只产1枚蛋，然后会把蛋交给企鹅爸爸来孵化。企鹅爸爸把蛋放在自己的脚上，用肚子下的皮肤把蛋盖住。两个月后，企鹅宝宝才会破壳而出。

家族

>>> 企鹅家族的成员多种多样，有个头最大的帝企鹅、最温顺的王企鹅、长眉毛的冠企鹅、数量最多的阿德利企鹅……企鹅家族真是又大又热闹啊！

阿德利企鹅

我们是数量最多的企鹅。

因为眉毛的位置有一块白斑，所以我们又叫"白眉企鹅"。

我们叫"麦哲伦企鹅"，是著名航海家麦哲伦最早发现了我们。

跳岩企鹅

我们经常从一块石头跳到另一块石头上，一步可以跳30厘米高。

麦哲伦企鹅

巴布亚企鹅

42

我们脖子下的黑色条纹，很像海军军官的帽带吧？

帽带企鹅

我们叫"帝企鹅"，是企鹅家族的小巨人。

帝企鹅

看看我们头顶上这撮羽毛，像不像意大利面？所以，我们也叫"通心面企鹅"。

马可罗尼企鹅

我们只比帝企鹅矮一点。

王企鹅

43

温柔的绅士——王企鹅和巴布亚企鹅

King Penguin and Gentoo Penguin

>>> 说起企鹅，也许你会想到穿着"白衬衫"和"黑色燕尾服"的小绅士。其实，企鹅的绅士之称还真不是浪得虚名，王企鹅和巴布亚企鹅就是出了名的企鹅绅士。

优雅温顺的绅士——王企鹅

王企鹅应该是南极企鹅中性情最温顺、风度最优雅的。虽然它们的模样与帝企鹅很像，但是它们的身材却比帝企鹅更苗条，外表也更加亮丽。

名字很多的绅士——巴布亚企鹅

　　要说起企鹅绅士，就一定要提到巴布亚企鹅，因为它们的别称就是"绅士企鹅"。说起巴布亚企鹅的名字，花样还真不少："白眉企鹅"、"金图企鹅"也是巴布亚企鹅的名字。

企鹅警官——帽带企鹅 *Chinstrap Penguin*

侵略性　　勇敢

>>> 帽带企鹅头部下面有一条黑色的纹带，像海军军官的帽带，因此它们也被称为"警官企鹅"。

警官造型

帽带企鹅的羽毛以黑白两色为主。它们拥有白色的眼圈、黑色的嘴、短短的腿，加上标志性的黑色纹带，看起来非常可爱。

它们吃什么?

　　帽带企鹅主要在近岸觅食，偶尔出现在距海岸较远的海洋中。它们的食物包括磷虾、小型的鱼类和其他水生的甲壳类动物。

幸运的宝宝

　　帽带企鹅的宝宝在出生后由父母轮流照看。帽带企鹅虽然脾气暴躁，但对待自己的孩子却非常慈爱。

穿着礼服的皇帝——**帝企鹅** *Emperor Penguin*

 高大 耐寒 群居 潜水

>>> 　帝企鹅，听名字就感觉很威风吧！那当然，它们可是企鹅皇帝呢！

聚在一起才温暖

不论是觅食还是筑巢，帝企鹅都喜欢聚在一起。冬天在南极的冰天雪地中，帝企鹅经常会成群结队地靠成一堆，以此来保持身体的温暖。

企鹅托儿所

小帝企鹅是由帝企鹅爸爸孵化出来的，出生后由爸爸、妈妈轮流抚养。为了更好地捕食来喂养小企鹅，帝企鹅父母有时会把宝宝交给邻居照顾。许多小企鹅聚在一起，形成独具特色的"托儿所"。

南极大家族——阿德利企鹅 *Adelie Penguin*

群居 跳跃 善游

>>> 南极最常见的企鹅莫过于阿德利企鹅了。这片冰雪大地上大约生活着5000万只阿德利企鹅。

谁先下水？

阿德利企鹅下水前会表现得非常紧张，谁也不肯先下水。当某个"小勇士"打破僵局第一个跳下水后，其他企鹅们随后就会争先恐后地下水，因为落单是很危险的。

石子筑巢

阿德利企鹅会用石子筑巢，供孵卵时使用。石子可是阿德利企鹅的宝贝。它们还常常为了争夺石子而发生冲突呢。

攀越能手——跳岩企鹅
Rockhopper Penguin

 侵略性 群居 跳跃 善游

>>> 如果你以为企鹅只生活在冰雪之上，那你可就错了。有时我们在岩石耸立的岛屿上也能看到企鹅的身影，那些企鹅也许就是跳岩企鹅。

跳跃着前进

跳岩企鹅生活在地势陡峭的岛屿上。特殊的环境决定了跳岩企鹅特殊的行走方式：它们总是往前跳，一步可以跳 30 厘米高，小丘、坑穴一般挡不住它们的脚步。

看我的凤头黄眉

跳岩企鹅又叫"凤头黄眉企鹅"，因为它们长着"鸡冠头"，头部两旁、眼睛上方和耳朵两侧还长着不相连的金色羽毛，像是威风的长眉毛。

大嗓门的舞者——黄眼企鹅

Yellow-eyed Penguin

忠诚

濒危

>> 黄眼企鹅，顾名思义就是有一双黄色的眼睛。它们是企鹅家族中数量最少的成员，总数不超过 5000 只。

大嗓门！

有人把黄眼企鹅叫作"大嗓门"，因为它们的声音实在是太尖锐刺耳了。通常，一对黄眼企鹅伸长脖子面对面大叫，像是在吵架一样。其实，它们那只是在沟通罢了。

54

家族中的小不点——小蓝企鹅 *Little Blue Penguin*

胆小　勤劳　潜水

>>> 　小蓝企鹅是企鹅家族中的小不点。和其他企鹅不同，小蓝企鹅的"外衣"并不是黑白两色的，而是带有特别的蓝色，它们还真是企鹅家族的"异类"呢。

敌人环伺

　　小蓝企鹅个头小，需要面对的敌人很多。在海洋里，它们很容易成为大型掠食者的点心；天空中，贼鸥随时有可能对它们发动进攻；陆地上，短尾鼬和黄鼠狼对它们虎视眈眈。

戴着金色头冠的调皮鬼——马克罗尼企鹅 *Macaroni Penguin*

>>> 看到马克罗尼企鹅的"金眉毛"，你有可能会把它们认作跳岩企鹅。但是，它们可不一样，跳岩企鹅头上的金色羽毛是分开的，而马可罗尼企鹅的却是连在一起的。

从小就是大胃王

马可罗尼企鹅宝宝是大胃王，需要父母共同出海捕食才能满足它们的胃口。这时，小企鹅会被送到"托儿所"，父母则要辛苦地在巢区和捕食地奔波，直到小企鹅可以独立生活。

家住在北方——**加拉帕戈斯企鹅** *Galapagos Penguin*

>>> 　热带有企鹅吗？如果问你这个问题，你一定会理所当然地回答——没有。事实上，在热带我们也可以看见企鹅的身影，加拉帕戈斯企鹅就住在赤道附近。

天气太热怎么办？

　　住在热带，要让身体凉爽实在非常困难。但是，加拉帕戈斯企鹅有自己的办法：白天，它们浸在水里；晚上，它们留在陆地上，把鳍脚展开来散发热量。另外，它们还会像狗一样快速喘气。

戴着长围巾的歌者——洪堡企鹅 *Humboldt Penguin*

>> 与大多数企鹅相比，洪堡企鹅更喜欢温暖的天气。它们生活在温带地区，最喜欢 18℃左右的温度。如果温度比较低，它们就有可能"感冒"。

适应温暖

洪堡沿岸温度正好能满足洪堡企鹅的需求。不过，生活在温暖的地方，如果穿着厚厚的羽毛衣，那就太热了。为了适应温暖的气候，洪堡企鹅的羽毛变得特别短小。

藏起来！

在换羽期，除了头部，洪堡企鹅会一下子脱掉身上其他地方所有的羽毛。新羽毛长出来需要几个星期，洪堡企鹅才不会让别人看见自己丑丑的模样呢。它们会远离伙伴藏起来，直到新羽毛长出来为止。

南极的 **海豹家族**

>>> 海豹在世界上许多地方有分布，其中南极的数量最多。海豹擅长游泳，大部分时间生活在水里，有时也会爬到陆地或冰块上。

威尔德海豹

威尔德海豹可是潜水高手，能下潜到海平面下 600 多米的深处，最长甚至可以持续 70 分钟。

豹形海豹

豹形海豹是海豹家族中最凶猛的成员，不仅捕食鱼类和乌贼，还是企鹅杀手，甚至连鲸和其他海豹都不放过。

锯齿海豹

锯齿海豹又叫"食蟹海豹"，不过它们最喜欢的食物不是蟹，而是磷虾。

象海豹

象海豹是海豹家族中个头最大的成员。雄性象海豹有能够伸缩的长鼻子，当它们兴奋或发怒时，长鼻子会膨胀起来。

无法驯化的猛兽——**豹形海豹** *Leopard Seal*

>>> 　在南极的海豹家族中，豹形海豹虽然体形不是最大的，但却是最凶的。凶残的性情让豹形海豹成了南极地区的"海中强盗"。

攻击人类！

　豹形海豹是海豹家族中唯一一种会攻击人类的成员。一旦有人靠近，这些坏脾气的家伙就会对人类发起猛烈攻击。

企鹅的噩梦

　　豹形海豹可以说是企鹅最大的敌人。在水中，如果遇到企鹅，豹形海豹就会紧追不放，直到企鹅精疲力尽，最终成为它们的美餐。

极地海洋猎手——虎鲸 *Killer Whale*

凶猛　利齿　善游　群居

>>>　要说南极最顶级的掠食者，那一定是虎鲸。虎鲸体形很大，也足够威猛，加上它们背鳍很高，喜欢露出水面，所以它们也被叫作"逆戟鲸"。

虎鲸大家庭

虎鲸从出生到终老都生活在一个大家庭中。它们在一起旅行、用食、休息，互相依靠着生存长大，群体成员间的关系亲密而团结。

它们爱说话

虎鲸喜欢说话，而且常常喋喋不休地不断讨论。它们可是出名的"语言大师"，能发出 60 多种含义不同的声音。

捕猎开始

虎鲸的猎物多种多样，包括鱼、乌贼、企鹅、海豹甚至巨大的蓝鲸。虎鲸经常群体出动围攻猎物。一旦被虎鲸锁定，猎物就很难逃脱。

冷水中的大块头——蓝鲸 Blue Whale

庞大　发声

>>> 　蓝鲸是一种海洋哺乳动物，是已知的地球上现存的体积最大的动物。蓝鲸分布于南北半球各大海洋中，南极附近的冷水中数量较多。

身体形态

　　蓝鲸是现存的体形最大的动物，体重相当于 25 只以上非洲象的重量，或者相当于 2000 ~ 3000 个人的重量的总和。

活动

　　蓝鲸大部分时间是孤独的，但偶尔也会 2 ~ 3 只在一起活动。3 只一起出现时，一般是雌鲸和幼鲸紧靠在一起，雄鲸尾随其后。

捕食与呼吸

　　在南极，磷虾是蓝鲸的主要食物。一头蓝鲸每天要消耗 2 ~ 5 吨食物。蓝鲸用肺呼吸，先将废气从鼻孔逐出体外，再吸进新鲜空气，呼吸时喷出的水柱高度可达 10 米左右。

未组卜的荧光——南极磷虾
Antarctic krill

发光　群居　耐寒　娇小

>>> 南极附近的海洋中生活着一个神奇的家族，成员个头不大，但是数量却非常惊人，有时可以组成方圆数百米的队伍，使得整片海水都为之变色。这个神奇的家族就是磷虾家族。

快速逃跑！

　　磷虾面对众多捕食者基本没有什么反抗能力，但它们也不会坐以待毙。遇到危险时，磷虾会摆动尾部向后快速游泳，运气好的话，就可以成功逃生。

食物仓库

　　南极磷虾在南极的生物链中占有重要地位。对于许多动物来说，磷虾是不可缺少的食物。不仅如此，人类每年也会捕获近1亿吨的磷虾。因此，南极磷虾被认为是"人类未来的蛋白资源仓库"。

冰海下的精灵——南极冰鱼 *Crocodile Icefish*

耐寒　　透明

>> 寒冷的冬天到来了，南极附近的海面千里冰封。可是，在冰层下面，仍然有鱼类生活着，它们看起来丝毫不怕冷。

南极鱼为什么不怕冷？

南极鱼的血液中含有防冻剂，就像是给南极鱼穿了一件隐形的棉衣。即便海水再冰冷，南极鱼都不怕。

眼斑雪冰鱼

眼斑雪冰鱼身材细长，没有鳞片，身体有些部位洁白如雪，有些部位则是半透明的，看起来就很特别。

独角雪冰鱼

独角雪冰鱼生活在南冰洋海域，栖息深度为 400～600 米。独角雪冰鱼体长可达 49 厘米，身体大部分透明，能够在超低温度的海水里正常生活。

长翼的海上天使——漂泊信天翁 *Wandering Albatross*

高大　滑翔　忠诚

>>> 漂泊信天翁非常善于利用海上气流的变化在天空中滑翔。它们的身影遍及整个南冰洋，有时它们还会追随航行的船只。

惊人的翼展

漂泊信天翁的翼展在现有已知鸟类中是最大的，平均可达3.1米，最大的达到3.7米。

忠诚的鸟儿

　　漂泊信天翁 4 岁以后就会飞回自己的出生地，开始寻找配偶。一般要"考察"一两年，它们才能认定"婚事"。它们一旦找到"意中人"，就会相伴终生。

空中盗贼——贼鸥 *Skuas*

>>> 　在南极,有一种海鸥被称为"贼鸥"。因为惯于偷盗抢劫,名声不好,它们被称作"空中盗贼"。

不劳而获

　　在南极生存，贼鸥全靠它们强悍的本领。贼鸥行动敏捷，战斗力强，可以迫使其他鸟类吐出食物。不仅如此，它们从不自己筑巢，而是抢夺其他海鸟的家。看来，贼鸥被称为"空中盗贼"是非常形象的。

"宝宝"们的敌人

　　在企鹅的繁殖季节，贼鸥常常突然出现，抢食企鹅蛋和小企鹅。海豹也不能幸免。每当母海豹要生小海豹时，贼鸥就会出现。小海豹刚一出生，成群的贼鸥就会一拥而上。有时海豹妈妈还来不及保护，小海豹就已经遇害了。

极地海洋食物链

>>> 海洋是一个弱肉强食的世界，极地更是如此。在极地海洋中，一物降一物，形成了一个完整的生物链网络，生物链中的每一环节都不可或缺。这些生物共同保持着大自然的平衡。

食物链的最顶端

　　动物无论有多凶猛，一旦遇到拥有高科技的人类，也都无可奈何。由于人类的一些行为，极地生物链的平衡正被打破，极地"居民"的生存面临着巨大威胁。

77

图书在版编目（CIP）数据

北极熊 /《小海米科普丛书》编委会编著 . — 青岛：青岛出版社，2016.1（2017.11重印）（小海米科普丛书）
ISBN 978-7-5552-1748-0

Ⅰ．①北… Ⅱ．①小… Ⅲ．①熊科－儿童读物 Ⅳ．① Q959.838-49

中国版本图书馆 CIP 数据核字（2015）第 125802 号

我爱海洋生物

Polar Bear 北极熊

书　　名	北极熊	
主　　编	朱丽岩	
出版发行	青岛出版社（青岛市海尔路 182 号，266061）	
本社网址	http://www.qdpub.com	
邮购电话	0532-68068141	
策　　划	张化新	
责任编辑	张性阳　朱凤霞	
美术编辑	张　晓	
装帧设计	央美阳光	
制　　版	青岛艺鑫制版印刷有限公司	
印　　刷	荣成三星印刷股份有限公司	
出版日期	2016 年 1 月第 1 版　2017 年 11 月第 2 次印刷	
开　　本	20 开（889 mm×1194 mm）	
印　　张	4	
字　　数	100 千	
书　　号	ISBN 978-7-5552-1748-0	
定　　价	36.00 元	

编校印装质量、盗版监督服务电话　4006532017　0532-68068638
印刷厂服务电话：0631-7381322　7373238
本书建议陈列类别：科普 / 儿童读物